南水北调

探秘

梁万平 贺丽丽 王浩天 主编

河北出版传媒集团

河北美术出版社

图书在版编目（CIP）数据

南水北调探秘 / 梁万平，贺丽丽，王浩天主编. --
石家庄：河北美术出版社，2021.8
ISBN 978-7-5718-1389-5

Ⅰ．①南… Ⅱ．①梁… ②贺… ③王… Ⅲ．①南水北
调－水利工程－青少年读物②节约用水－青少年读物
Ⅳ．①TV68-49②TU991.64-49

中国版本图书馆 CIP 数据核字(2021)第 138661 号

责任编辑 ｜ 李　沐　　王倍佳
书籍设计 ｜ 刊　易
责任校对 ｜ 张青艳

出版发行：河北出版传媒集团　河北美术出版社
地　　址：河北省石家庄市和平西路新文里 8 号
邮　　编：050071
电　　话：0311-85915041
网　　址：www.hebms.com
印　　刷：济南新广达图文快印有限公司
开　　本：787mm×1092mm　　1/16
印　　张：6.5
版　　次：2021 年 8 月第 1 版
印　　次：2021 年 8 月第 1 次印刷
定　　价：80.00 元

主　编：梁万平　贺丽丽　王浩天
副主编：冯正祥　武　威　刘晓林
编　委：王培科　刘宏东　张俊武　孙英杰　李　燕　刘晓岭
　　　　张亚伟

人 物 介 绍

姓名: 小南　　　　　**性别:女**

人物简介: 性格开朗、善良,聪明好学,喜欢帮助别人并且非常爱漂亮,经常戴着粉色的小发卡。在学校里认真遵守学生守则,听老师的话,做事比较稳重,经常会劝阻小北的一些莽撞行为。

姓名: 小北　　　　**性别:男**

人物简介: 活泼爱动、好奇心很强的孩子。喜欢和同学分享好东西,做事情比较大大咧咧,有的时候会显得有些马虎。喜欢学习新的知识,喜欢思考问题和提出向题,脑袋瓜里充满了十万个为什么。当疑惑得到解答时,眼睛里面开心的能放射出光芒。

CONTENTS 目录

南水北调探秘

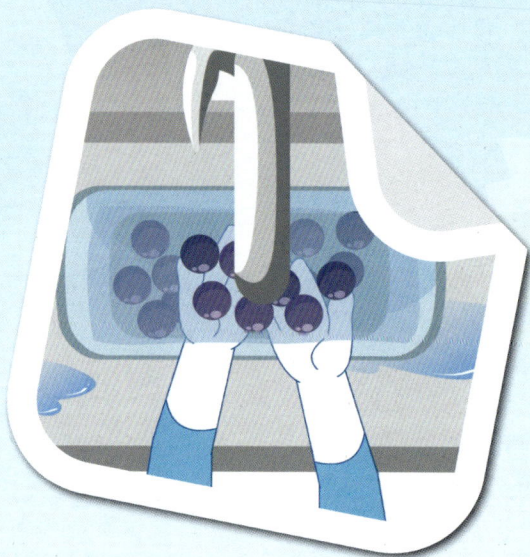

南水北调探秘

01

超级工程——南水北调

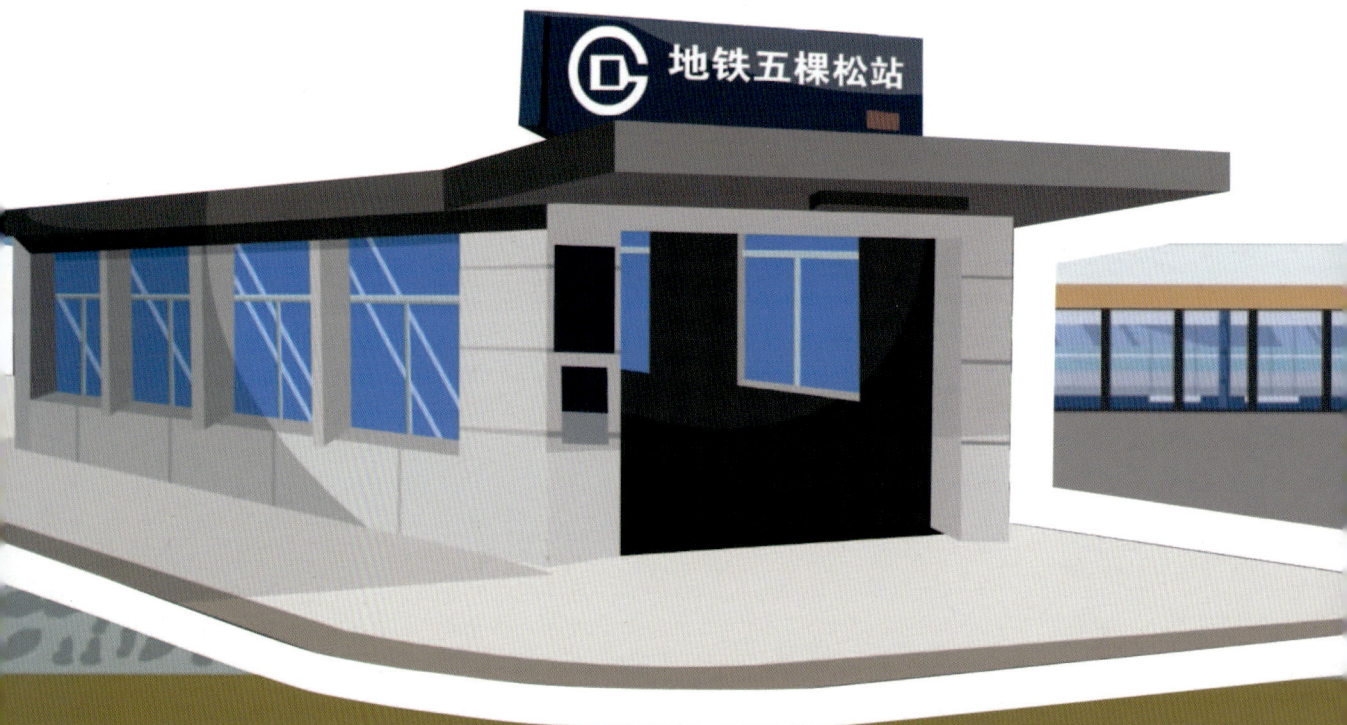

地铁对于我们来说都不陌生，与大家的生活息息相关。然而在北京，有一站地铁却是与众不同的——那便是五棵松地铁站。虽然它表面上和全国所有地铁站一样，站台之上的列车年复一年穿梭呼啸，搭乘的乘客日复一日来往匆匆。不过不要被它的表面所迷惑，和全国其他地铁站不同的是，这座站台下边四五米的地方，有两条巨大的混凝土涵道横贯站台、穿行而过，来自千里之外的滔滔江水由此奔腾北上，流向千家万户。这一路北上的南水也流到了小南和小北的家里。

　　小南和小北是北京曙光小学的学生，今天放学后小南邀请小北去她家一起写作业，小北欣然答应。来到小南家后，她烧了一壶开水，说道："小北，接一杯水看看，你能喝出是来自哪里的水吗？"

　　小北拿起玻璃杯从水壶里接了一杯水，尝了尝，思索着说道："嗯……这杯水有些甜甜的味道。"

海河流域

北京
天津
保定
石家庄
德州
黄河流域
中线
济南
淮河流域
南京
上海
郑州
汉
江都
丹江口
杭州
江
长江流域
武汉

"嗯！"小南点头回应，自豪地说道："这是丹江口的水，当然甜了！是从长江千里迢迢来到北京的南水喔，它跨越了长江、淮河、黄河、海河四大流域，沿途滋润着干渴的华北大地，保障了沿线六千多万人的饮水安全呢！"

小北听完后连忙点头说道："哇！这一渠清水可真是来之不易！"

　　"是呀！"小南继续对小北说道，"南水北上之前，咱们北方地区有些地区存在饮水困难，喝的一直是苦咸水、高氟水。南水到来后，改善了当地的水质，现在烧水也不会再有一层厚厚的水垢了。你看！"说完小南也倒了一杯水，只见玻璃杯中的水冒着热气，水杯底部并没有水垢，水面也没有漂浮其他物质。

苦咸水

高氟水

小北低头细细抿了一口水，突然想起来电视上的新闻，兴奋地说道："啊！我想起来了，以前从电视上看到过关于南水北调工程的介绍．里面说尽管南水北调中线工程已经一定程度上缓解了北方地区水资源缺乏问题，但北方水资源缺乏依然严峻．"

"是的，你说的没错！"小南听完不由点头称赞，"所以我们应该怎么做呢？"

小北思考片刻，说："当然不能因为有了南水就不珍惜，解决水资源问题，最重要的是需要我们每个公民都提高节水意识，从每件小事做起，提高水资源利用率，为社会的长久发展尽一份绵薄之力！我说的对吗？"

看着小北严肃认真的表情，小南似乎也被感染到了，对他伸出了大拇指，说道："你太棒了小北！"突然又想到什么，她咯咯笑起来，"咱们光顾着讨论南水北调知识，还有作业没有做呢！"

"对！对！我们快去做作业吧，对于今天的讨论我很有感触，打算今天的作文就以南水不易和节约用水为主题啦！"小北笑着回应。

知识小贴士

世界首次大管径输水隧洞近距离穿越地铁下部——中线北京段西四环暗涵工程

南水北调中线北京段西四环暗涵工程，具有两条内径4米的有压输水隧洞，穿越北京市五棵松地铁站，这是世界上第一次大管径浅埋暗挖有压输水隧洞从正在运营的地下车站下部穿越，创下暗涵结构顶部与地铁结构距离仅3.67米、地铁结构最大沉降值不到3毫米的纪录．

02

甘甜南水——丹江源头

小北写的那篇讨论南水不易及呼吁大家节约用水的作文登上了校刊，并为此获得了参观南水北调中线沿线活动的机会，与学生代表小南同去。小北一大早就收拾好来到小南家会合，叫上小南一起出发了。

　　小南和小北被要求戴上安全帽，穿上救生衣，沿着南水北调长渠乘船去往丹江口水库，这是他们的第一站。一路跋涉，小北那兴奋的劲头，早就消失的无影无踪了，瘫坐在船上，双目放空。

　　突然小南叫他："快看！快看！水库到了！"听见水库马上到了，小北马上坐直身体向前方眺望。

　　小南看见小北一脸焦急，微笑道："你先别着急嘛，你看看船下的水，是不是特别清澈呀，书上说这里的水质已经达到国家饮用水水质标准了哦！"

听见小南提到水，小北抬头望了望头顶的大太阳，"我太渴了！"他说完侧身舀水，捧着水就想喝下去。

小南见状赶忙制止他："别着急，生水要烧开了再喝。虽然这里的水质已经达到国家饮用水水质标准，但还是需要烧开才能喝。"

"好吧，那我带回去烧开再喝吧。"小北虽然有点失望，却听从了小南的建议，拿起自己的水壶灌了满满一壶水。

　　说话间两人已经来到了丹江口水库，小南想看看小北对丹江口水库是否足够了解，便问他："小北，我们目前所在的丹江口水库是亚洲第一大人工淡水湖，也是国家一级水源保护区。既然来参观，那我先考你一个知识点，看看你对南水北调中线工程是否了解。"

　　小北听说要考验他，立马来了兴致，抱起胳膊问道："那有什么难的，快快提问吧！"

饮用水水源保护区
SOURCE WATER PROTECTION AREA

饮用水水源
一级保护区

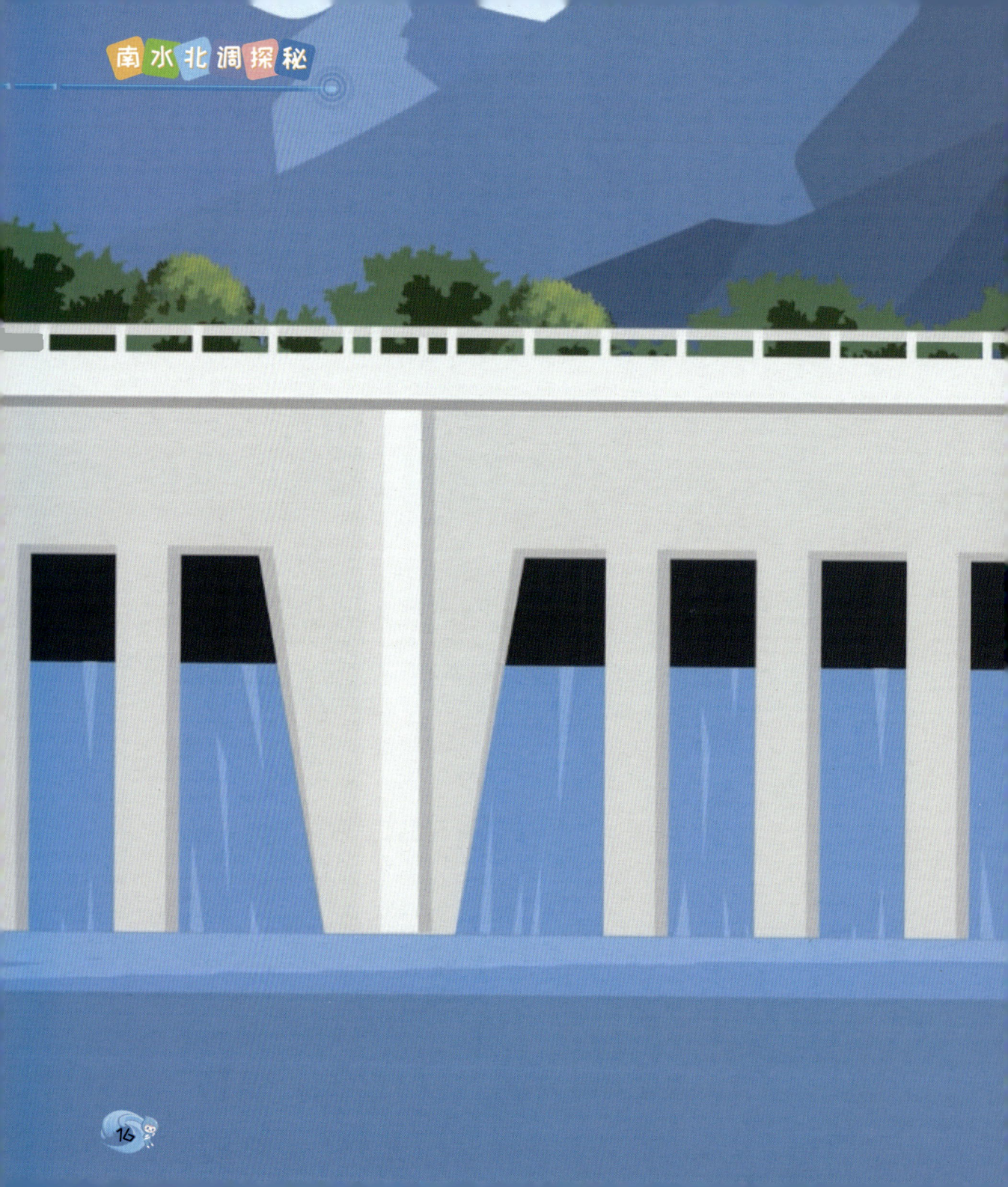

小南问："南水北调为什么会把丹江口作为水源地呢？"

这一个问题就把小北难倒了，刚才自信满满的样子变成了讪讪地一笑，"那你说说，南水北调为什么会把丹江口作为水源地呢？"

小南说："那我就给你说说丹江口水库的神秘之处吧！首先，丹江口水库是国家一级水源保护区，水质好而且水源充足。丹江口大坝增高工程的实施，大坝加高了近15米，从原来的162米增加到177米，库容也从原来175亿立方米增加到290亿立方米，增加近115亿立方米的库容，能够满足调水需求。另外，丹江口水库的地势比北京高出100余米，中线工程利用从水源地丹江口水库到北京团城湖近百米的水位差，让来自丹江口水库的汩汩清水不需要泵站逐级提升便能一路自流到达北京。"

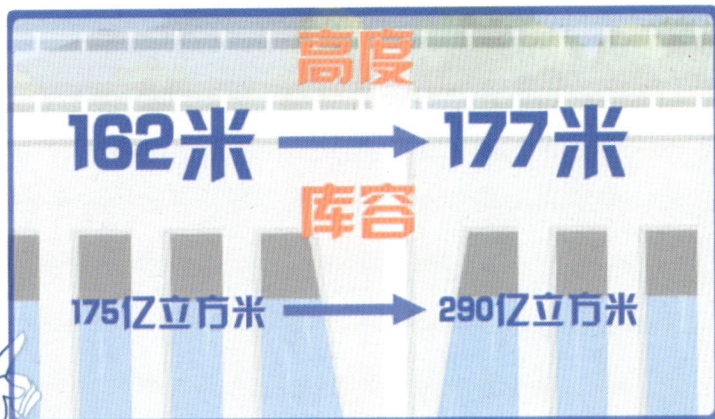

高度

162米 ⟶ 177米

库容

175亿立方米 ⟶ 290亿立方米

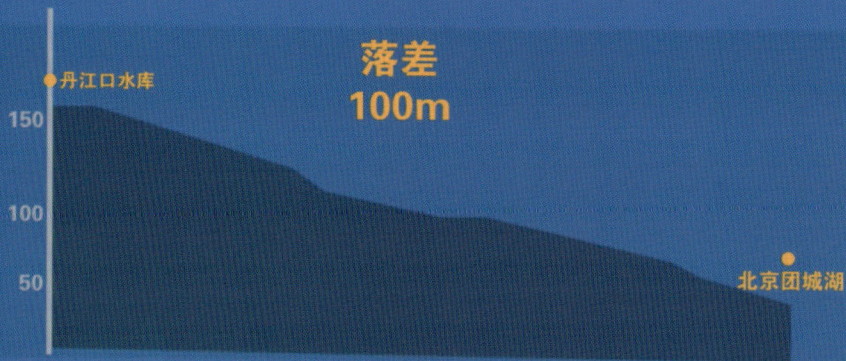

落差
100m

丹江口水库

150

100

50

北京团城湖

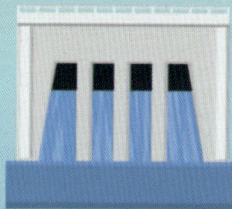

海拔158米

海拔43.5米

小北恍然大悟："哦!原来是这样! 南水北调工程真了不起啊! 小南，我跟着你又学习到不少知识呢！"

知识小贴士

国内规模最大的大坝加高工程——丹江口大坝加高工程

　　丹江口大坝加高工程是在原有坝体上进行混凝土培厚加高，包括混凝土大坝加高和心墙土石坝加高。大坝加高工程完建后，坝顶高程由目前的162米增加到177米，正常蓄水位由157米抬高至170米，可相应增加库容115亿立方米。混凝土大坝加高中，提出了满足设计要求的新老混凝土结合的具体结构措施。在不影响大坝正常运行情况下，完成混凝土大坝裂缝检查、修补和大坝加高，其建设难度在大坝加高史上可谓世界之最。

03

河上过水桥——渡槽

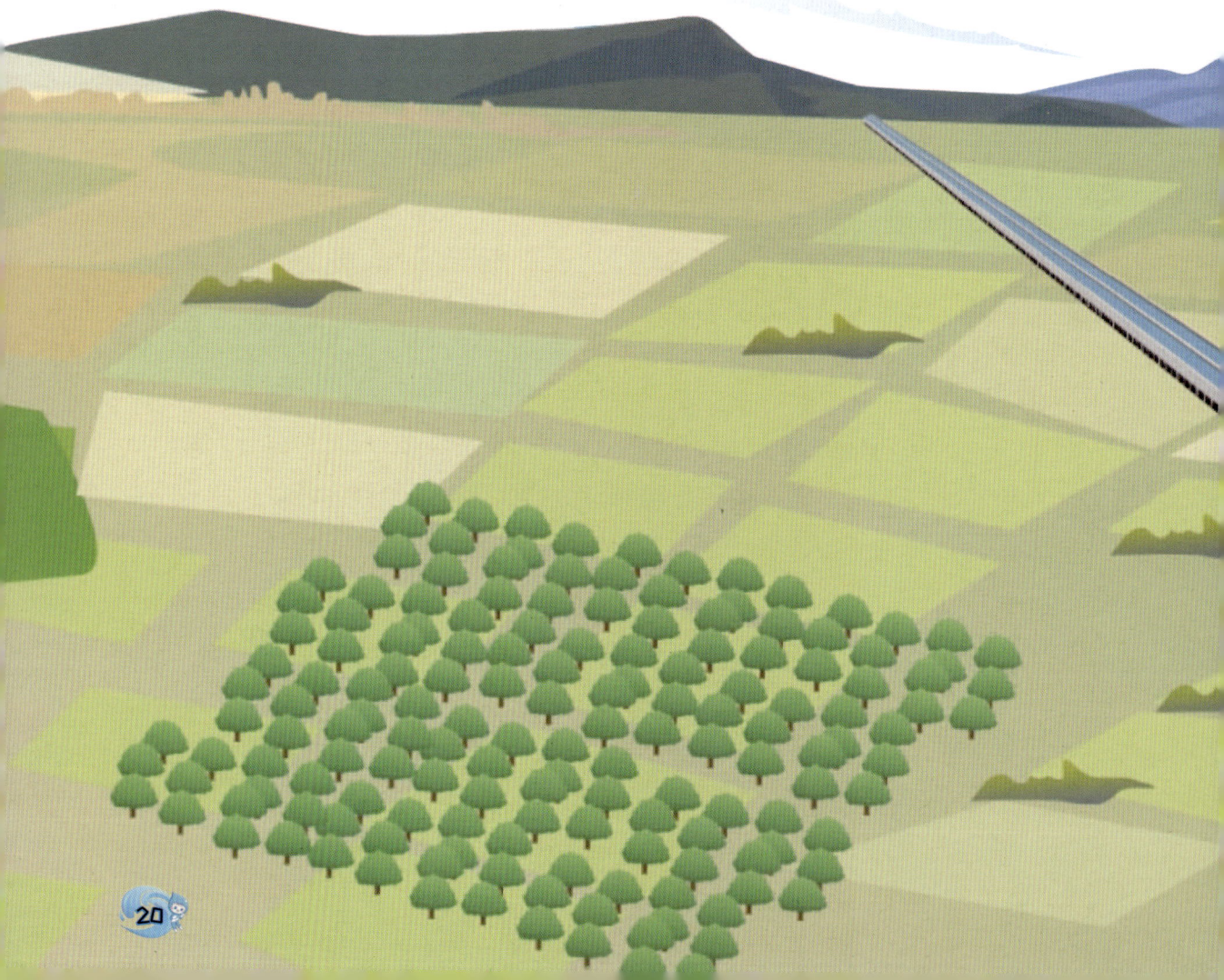

参观完丹江口水库和大坝之后，小南、小北乘车到了湍河渡槽参观，在戴上安全帽、穿上救生衣之后，他俩一起到了湍河渡槽边上。

在到达之前，小北心里还有疑问的小九九，他认为不就是一条河嘛，又不下河，穿戴安全帽和救生衣简直是多此一举。此时来到了河边，他终于理解了。

正值炎夏，河水哗啦啦流得很急，河边的风也呼呼直吹，夏蝉在树上"知了、知了"地叫唤着。

小北的目光被那条河吸引，指着河水激动地说道："快看，那条河水流得好快啊！"

8.8米

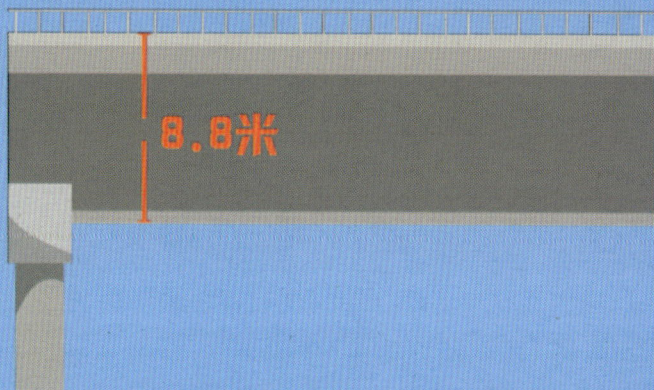

小南细心解答道："这是'湍河渡槽'，槽深8.8米，跨度为1030米，在目前国内输水工程中跨度最大，单跨过水断面有40米那么多。"

听到小南嘴里蹦出一系列专业词语，小北有点不好意思地请教："呃……这个什么叫'跨'呀？！"

"看来你之前没做好准备工作哦！"小南笑着解释道，"通俗来说，在水利、桥梁、建筑等实体工程上，在两个支点之间的距离，就叫一跨。比如，大桥的两个桥墩子之间的桥面，比如房屋两根柱子之间的距离。在这里，一跨指的是两个支柱之间的渡槽。"

1030米

"嗯嗯，你这么一说我就理解啦！"小北嘿嘿一笑，"我回家后一定多多补习，把知识点都补上来！"

"这样才对嘛！"

水利

桥梁

建筑

小南刚说完，小北第二个问题迎面而来，"那这里一共多少跨呢？"

"湍河渡槽共有18跨，由18段渡槽连接在一起。每一跨重达1600吨，跨度加上其中流过的水，总重量达到3000多吨。一头成年的大象有7—8吨重。每一跨有400头大象那么重。"

"哇！那么大！"小北不可思议地感叹，"那这个庞然大物是怎么建造出来的？"

金蝉脱壳

小南思考片刻，看了看四周。她指着一棵树问小北："你看，树上趴着的是什么？"

小北伸着脖子辨认："这不是知了嘛，叫半天了。跟渡槽有什么关系呢？"

"这也是为了让你更好地理解嘛。"小南解释道，"你知道金蝉脱壳这个典故吧，湍河渡槽就是被一个叫造槽机的大家伙，像做土坯一样，一边向前移动，一边用模具将一榀榀渡槽给拓了出来。有点像现在的3D打印技术。"

明渠

渡槽

倒虹吸

隧洞

暗涵

"还真和知了有点关系呢，这么解释通俗易懂！"小北赞叹道，"渡槽就是丹江水的高速公路，这么理解对吧？那南水北调工程还有其他输水方式吗？"

"哈哈！可以这么理解！"小南继续说，"南水北调中线工程的输水形式主要有明渠、渡槽、倒虹吸、隧洞、暗涵5种。"

"原来是这样，我明白了，南水北调工程可真是一项伟大的工程！"听完小南的话，小北由衷感叹。

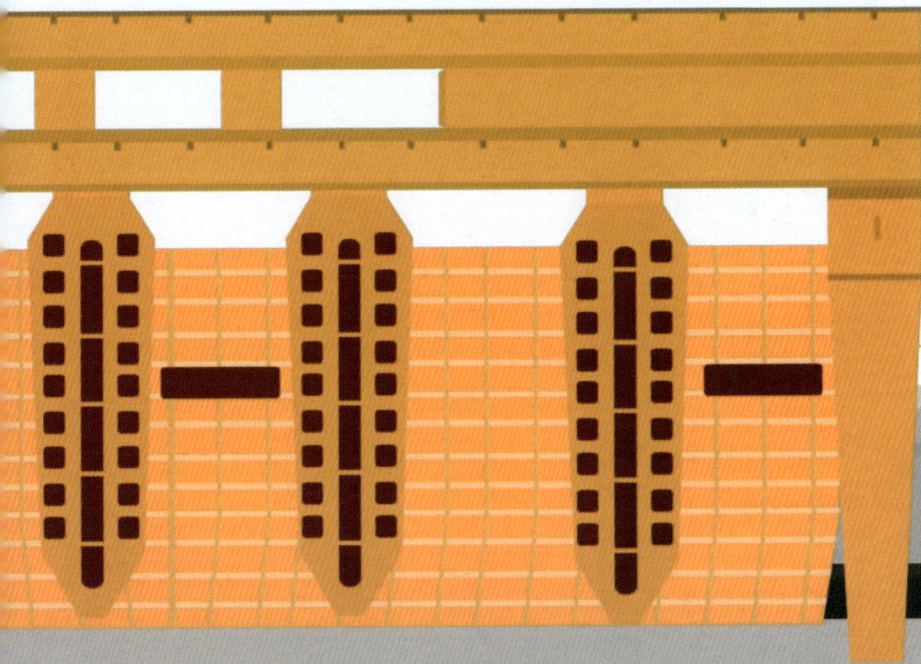

知识小贴士

世界规模最大的U形输水渡槽工程——中线湍河渡槽工程

　　南水北调中线湍河渡槽为三向预应力U形渡槽，渡槽内径9米，单跨跨度40米，最大流量420立方米每秒，采用造槽机现场浇注施工，其渡槽内径、单跨跨度、最大流量属世界首例。

04

穿黄工程

小南、小北第三站行程将去往穿黄工程参观，他们依旧戴上了安全帽，穿上了救生衣，走在黄河岸边。小北看着黄河思索着，不禁提出了一个问题："小南，这黄河向东流，丹江水却向北流，那长江水是怎么跨过黄河的呢？"

中国南水北调

　　小南解答到："黄河自古以来就是一条不安分的大河。由于洪水和泥沙淤积，经常出现改道。南水北调穿黄工程就是将丹江水从黄河南岸输送到黄河北岸。在黄河北岸，有一个巨大的圆筒形竖井，几乎可以容纳一座15层的高楼，负责掘进隧道的大型盾构机从这里出发并且日夜不休地旋转，被粉碎的砂砾土石随泥浆不断排出，最终在黄河河床下建造了两条巨大的隧洞。"

小北听完后说道："光想想就觉得是一个浩荡的工程，实施应该挺不简单的吧！"

　　"是啊！"小南也有点激动，"其实在建设中并非一帆风顺,由于砂土中石英含量较高,令盾构机的刀片产生严重的破损,工程人员只能依靠人力前后进出更换刀片，最终在大河之下穿行了500多个日夜后，巨大的盾构机终于在河道对岸重见天日，自此南来之水终于跨越黄河天堑得以继续北上．"

"厉害了我的国!"小北自豪地感慨。

小南笑道:"光听我描述是不是就觉得特别棒!"

"那当然!"小北赞同地点了点头,"正是依靠科技的力量和建设者们百折不挠的精神,成就了人类历史上最宏大的大江大河穿越工程。"

知识小贴士

国内最深的调水竖井——
中线穿黄工程竖井

南水北调中线穿黄工程位于郑州市以西约30公里，其任务是将中线调来的长江水从黄河南岸输送到黄河北岸。工程北岸竖井为大型圆筒结构，建于黄河河滩地中细砂强透水地层中，内径16.4米，井深50.5米。设计流量为265立方米每秒，加大流量为320立方米每秒。井壁为双层结构，外层为地下连续墙形式，厚1.5米，深76.6米；内层为0.8米厚钢筋混凝土现浇衬砌，采用逆作法施工。基坑工程规模之大、开挖之深、地质条件之复杂、工作难度之高，均居国内之最。

05

中线的"心脏"——惠南庄泵站

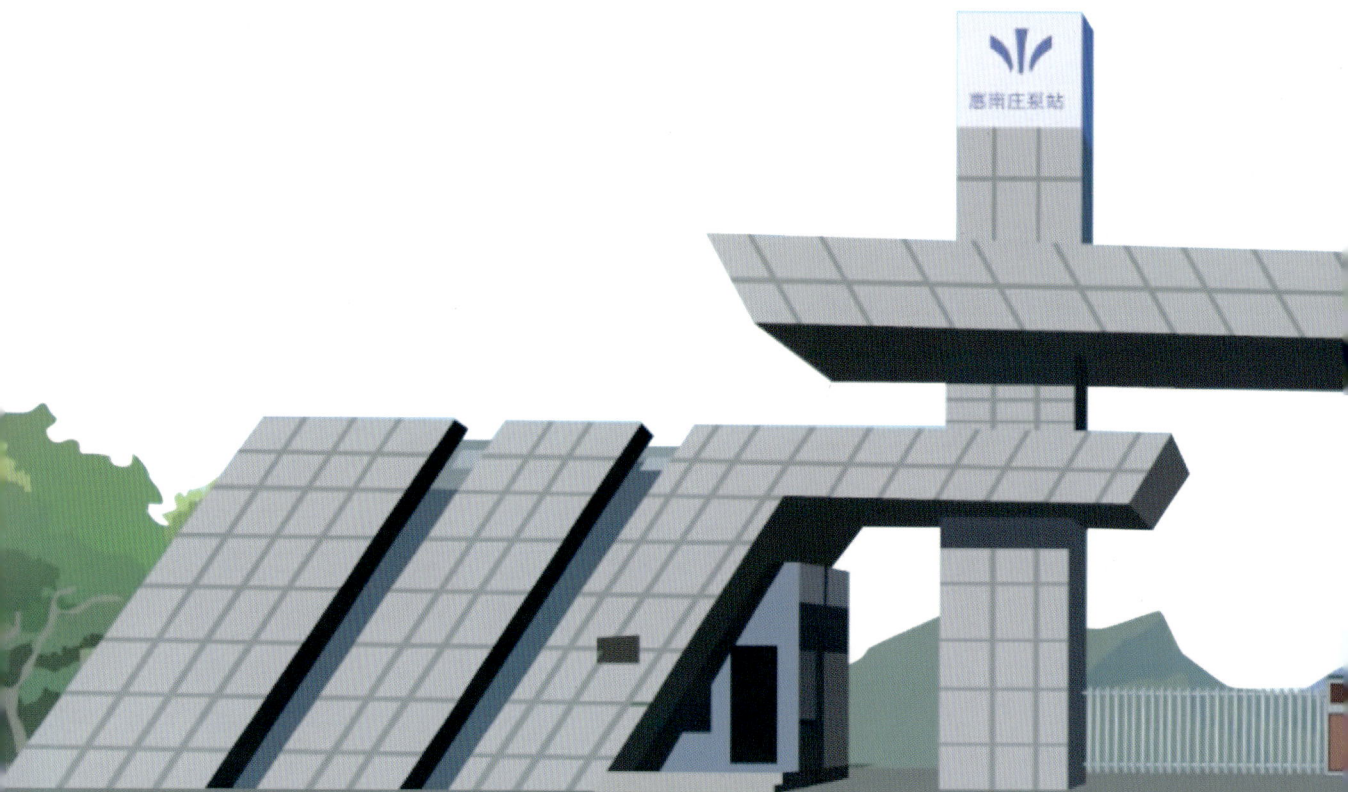

经过几天的参观学习，小南和小北来到了南水北调中线工程的最后一站。工作人员把安全帽交给他们，两人已经能十分熟练地戴上了。

刚走到惠南庄泵站大门，小北就按捺不住心中的激动，抢答："这个我知道，这是南水北调中线工程的'心脏'。"

"哎哟，不错哟！"小南打趣道，"现在我们来到了中线唯一一座大型加压泵站，南水也是从这开始进入北京城区的。"

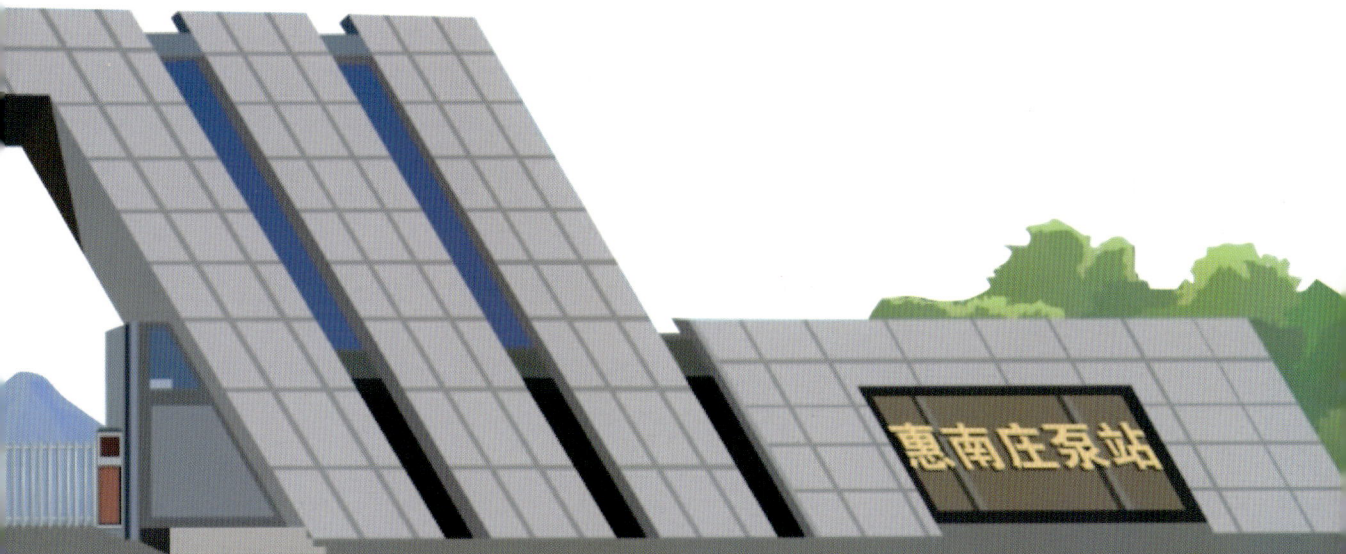

惠南庄泵站

"我来说！我来说！小南，之前都是你解释给我听，这个就让我来说说，你看我说的对不对。"小北着急地说道。

"嗯嗯，没问题，那就——请开始你的表演啦！"

"咳咳！"小北特意清了清嗓子，一本正经地开始讲解："惠南庄泵站位于北京市房山区，是北京段实现小流量自流、大流量加压输水的关键控制性建筑物。厂区占地面积约187亩，由主体工程区、辅助生产区、管理及生活区、隔音林带及环厂路五部分组成。泵站设计流量60立方米每秒，主厂房内共安装8台卧式单级双吸离心泵，6工2备，也就是说有6台工作，2台备用。泵站有两种运行方式：第一种为小流量自流供水方式，即当输水流量小于20立方米每秒时，重力自流供水；第二种为水泵加压供水方式，即当输水流量大于20立方米每秒时，启动水泵加压供水。惠南庄泵站作为南水北调中线工程总干渠上唯一一座大型加压泵站，正如人体的心脏，为千里水脉惠泽京城提供源源不断的澎湃动力！　怎么样，我介绍的详细吧！"

主体工程区

环厂路

管理及生活区

辅助生产区

隔音林带

　　小南仔细听完后伸出大拇指赞许地说道："说得太棒了，那我们就一起去北京段工程渠首，北拒马河暗渠工程看看吧。"

　　说罢，两人乘坐工程车来到了北拒马河暗渠节制闸前，整个园区都郁郁葱葱的，节制闸的另一端，长渠一眼望不到边。

北拒马河暗渠节制闸

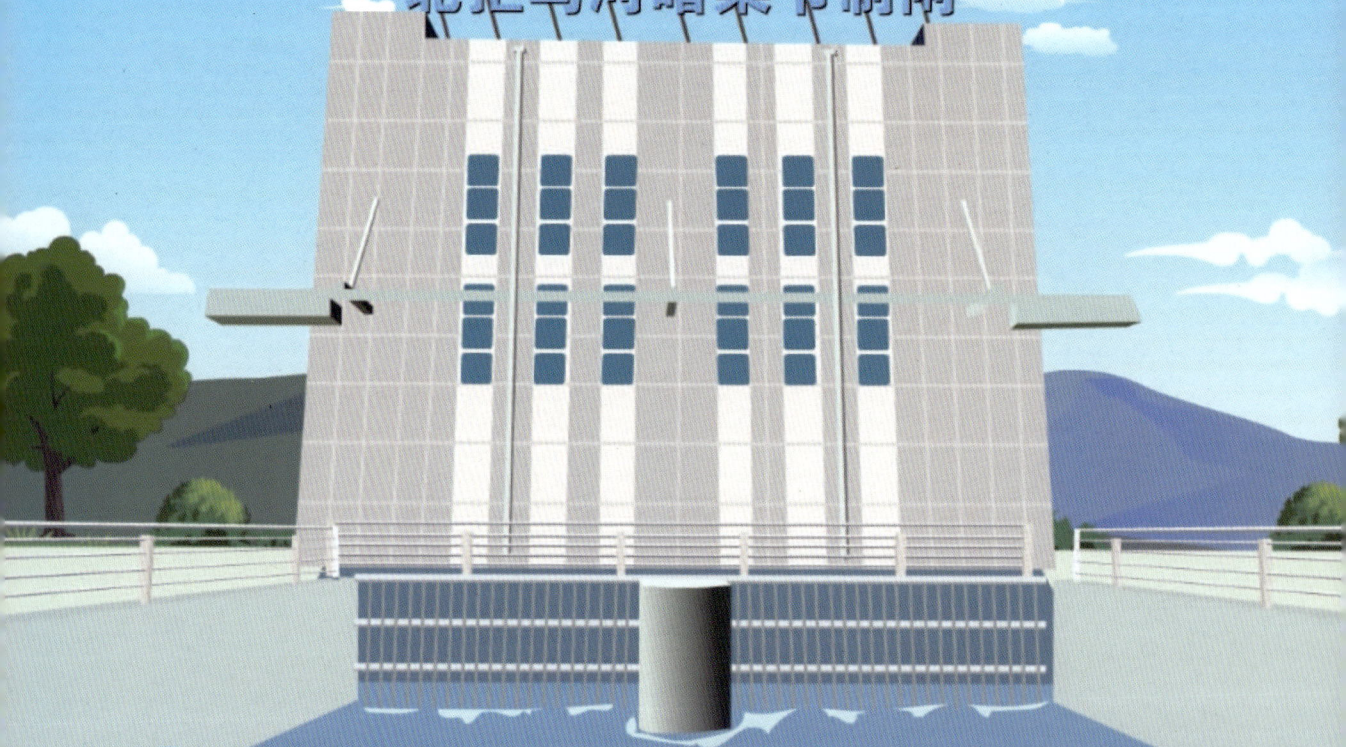

渠首枢纽

输水暗渠

退水排冰

小北继续向小南介绍着:"北拒马河暗渠工程由渠首枢纽、输水暗渠、退水排冰系统三部分组成,是北京段工程由明渠转暗涵的建筑物。"

说完他看向小南,等待着她的回应,小南却微笑着,用眼神鼓励他继续说下去。

得到鼓舞的小北接着说道："南水现在已成为北京市城区生活供水的主力水源，占比超过73%，水质各项指标稳定达到或优于地表水Ⅱ类指标。南水进京以来，北京地下水水位从2015年7月开始16年来首次回升，密云水库蓄水量不断增加，发挥了显著的社会效益、经济效益和生态效益，为首都经济社会的可持续发展和人民生活水平提高提供了强有力的水资源保障。"

小南点头回应道："是的，小北你说的很对！一渠引南北，共饮丹江水！通过这次对南水北调中线重点工程的参观与学习，更深刻地体会到南水的来之不易。"

节约用水　人人有责

　　"所以说，节约用水，人人有责，我们一定要在学习生活中养成节水、惜水的良好习惯。"小北继续补充道。

　　这次的南水北调中线重点工程的参观与学习终于结束了，小南和小北在实践和体验中，更能感受到千里调水的来之不易，以后的生活中，从自身做起，带动身边每一个人来珍惜每一滴"南来之水"。

知识小贴士

中线北京段PCCP管道工程多项技术国内领先

在超大口径PCCP（预应力钢筒混凝土管）管道结构安全与质量控制中，首次提出符合中国规范体系和材料标准的一整套PCCP设计和阴极保护技术参数，以及沟槽和隧洞内超大口径PCCP安装质量控制标准；PCCP阴极保护测试探头、机械化喷涂PCCP外防腐层材料和工艺、沟槽内超大口径PCCP龙门起重机安装技术、隧洞内PCCP安装工艺及技术均为国内首创．

06
课间洗水果

曙光小学

47

今天是小南和小北在结束南水北调中线重点工程的参观与学习后，回校的第一天．

"叮叮叮"，下课铃声响了，到了自由活动的大课间时间．小北起身拿起书包，从里面掏出来了一串葡萄．

他转头问同桌小南："小南，我妈妈早上给我拿的葡萄．你吃不吃？"

小南正觉得有些饿，点头说道："看着好诱人呀，赶紧洗一下，我们一起尝尝吧．"

小北看出她饿了，便打趣道："好嘞！你等下哦，小馋猫！"说完拿起葡萄一溜烟地跑出了教室．

"哎，小北！等等我一起去！"小南无奈地看着远方的身影，从抽屉里拿出自己的饭盒就朝着卫生间方向跑去．

小南刚走进卫生间便听到哗啦啦的流水声，她闻声走去，果然看见小北在洗葡萄。她走近一点，发现小北把水龙头开到最大正冲洗着葡萄，神情专注连小南走到他身边也没有注意到。

由于水龙头开得过大，水冲到葡萄上后飞溅的周围到处都是，小南身上也被溅上不少水，周围的同学都躲远远的，小声在议论。

　　"小北！"小南不得不提高音量叫了一声。谁知这一声把小北吓了一个激灵，他回头一看，小南正气鼓鼓地看着他呢。

　　他以为是自己洗葡萄太慢了，向小南安抚道："小南，你吓我一跳。我正洗着呢，你别着急哦！"

　　小南见他仍无关水意思，赶紧上前拧上了水龙头，带着一丝责备问他："你看你，忘记老师讲的怎么洗水果了吗？"

"啊？"小北听完愣了片刻，然后拿湿漉漉的手拍了一下自己的小脑瓜说道，"嗨！看我这记性，多亏你提醒了！可是……我去哪里找盆子呢？！"

这时候小南才从身后拿出了饭盒，低声说："给，用这个就行。"

　　小北一看是个饭盒，嘿嘿地笑了出声，说道："还是你机灵，小南！老师说过应该先把水果放到小盆子里接点水泡一下，然后在盆子里洗。你别生气，你看，我都记着呐！刚才一时着急给忘记啦！"

　　小南点点头说："对呀！这样洗不仅能洗得干净，还能节约好多水呢！来，我帮你一起洗吧！"

　　说罢，两人相视一笑发出"嘻嘻"的笑声，终于把葡萄洗干净了。

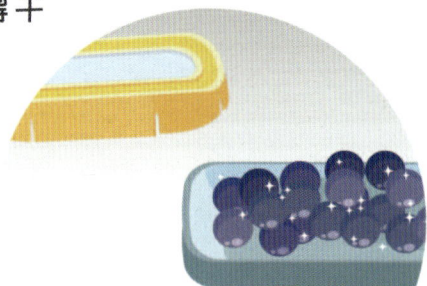

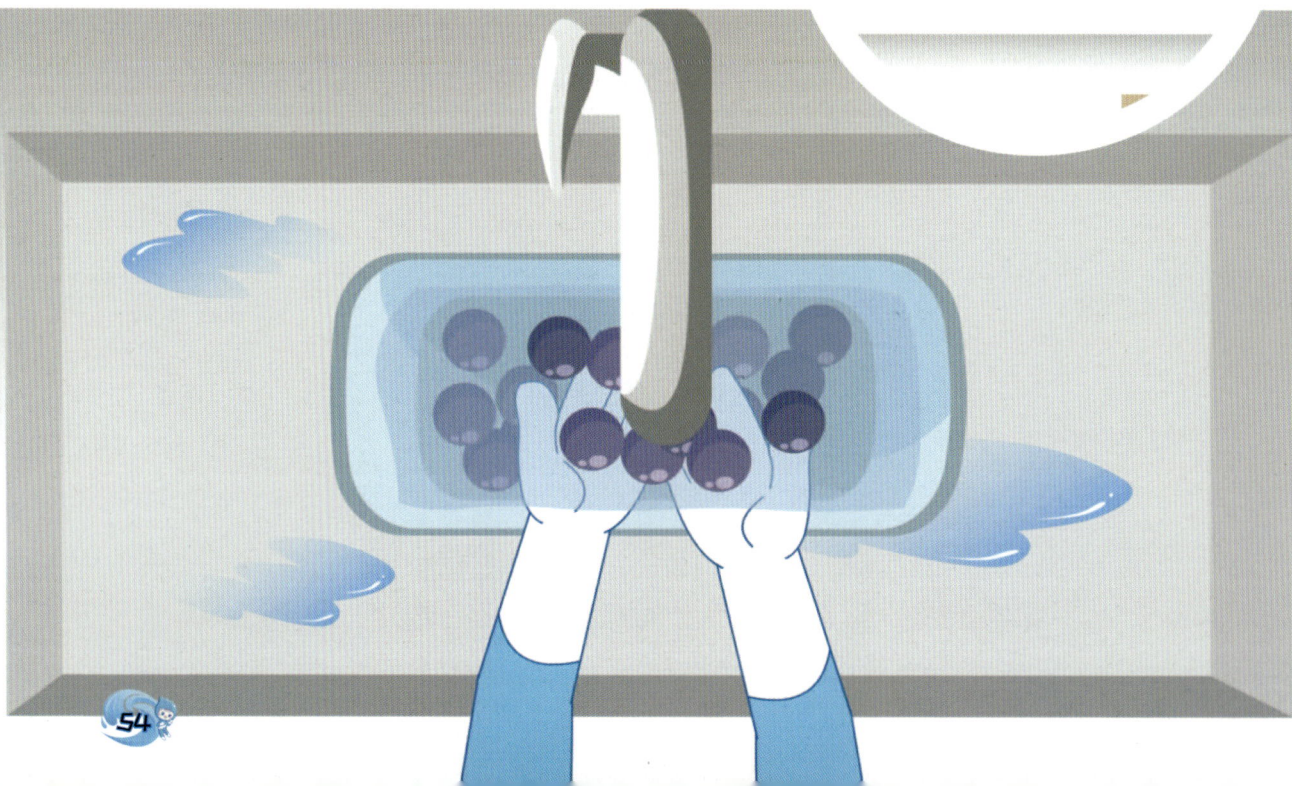

07

放学后大扫除

今天轮到小南和小北两人做值日，放学铃响了，大家纷纷收拾好东西后走出了教室，见大家都走了，小南开始安排打扫工作。

她向小北提议道："小北，要不我来擦黑板和桌椅，你负责扫地和拖地吧!"小北听到后马上立正敬礼，调皮地说道："收到! 长官!"

　　小南被他滑稽的样子逗笑了，捂嘴笑道："快去打扫吧你！"说罢，便走到讲台上，拿起黑板擦开始擦黑板，小北也开始扫地工作。

　　不一会儿，小南擦完黑板，拿起一个小盆去卫生间接完水，沾湿了抹布认真擦起桌椅，脏了就去盆里搓一搓污渍。这一遍下来，原本洁白如新的毛巾变成了灰色，洗抹布的水也变成了灰色的水。小南抱起那盆脏水"哗"的一下全倒进涮拖布的桶里，然后继续去卫生间接水开始第二遍擦拭。

　　这时，小北已经扫完地打算拖地了，看见水桶里是小南刚倒进去的脏水，不由奇怪地问道："小南，你把这脏水倒在桶里干什么呀？赶快倒了，我等下还要用那个桶接水拖地呢。"

　　小南听完眨了眨眼看着小北认真地说："小北，桶里的水可以拖第一遍地呀！等第二遍拖地的时候再换桶干净的水，这样又节水又干净！"

"又学到一个生活小妙招。"小北笑着说道："你说的好有道理呀，我以前怎么没注意到水还可以这么用呢！你真细心！"

面对小北直白的夸奖，小南有点害羞地笑道："呵呵，节水要从细节做起，我们一起加油打扫吧！"小北认真地点了点头说："嗯！"

说完便撸起袖子继续干活，不多一会儿便把教室打扫得干干净净！

08

吃东西前洗手

  小南和小北在做完值日后，正准备回家，小南想起有道数学题没听懂，便邀请小北去她家一起做作业："小北，去我家做作业吧，有道数学题想请教你！"

  小北听后欣然答应："好的呀！正好我有道英语题不会做。"

　　说完便一起来到小南家的客厅开始做作业，写着写着就听到小北肚子咕咕地叫了起来．小南听见后转头问小北："你是不是饿了呀？"

　　"嗯．"小北挠挠头不好意思地说道，"下午体育课运动量太大，早就饿了．"

　　小南想了想拿出抽屉里的零食，对他说："我家还有些零食，先吃点这个吧，等会儿我爸妈下班回家了才有饭吃．"

　　小北一听有吃的，眼睛放着光，点了点头说："好！"

小南点头说："那就这些，不过要记得先洗手哦！"

小北调皮地敬了个礼："收到！长官！"说完两人一起起身走向厨房水池洗手。

小北先打开水龙头，洗手的时候先打湿了手、抹肥皂、搓一搓、再把手冲干净，最后用毛巾擦干手，期间水龙头一直哗啦啦流着水。

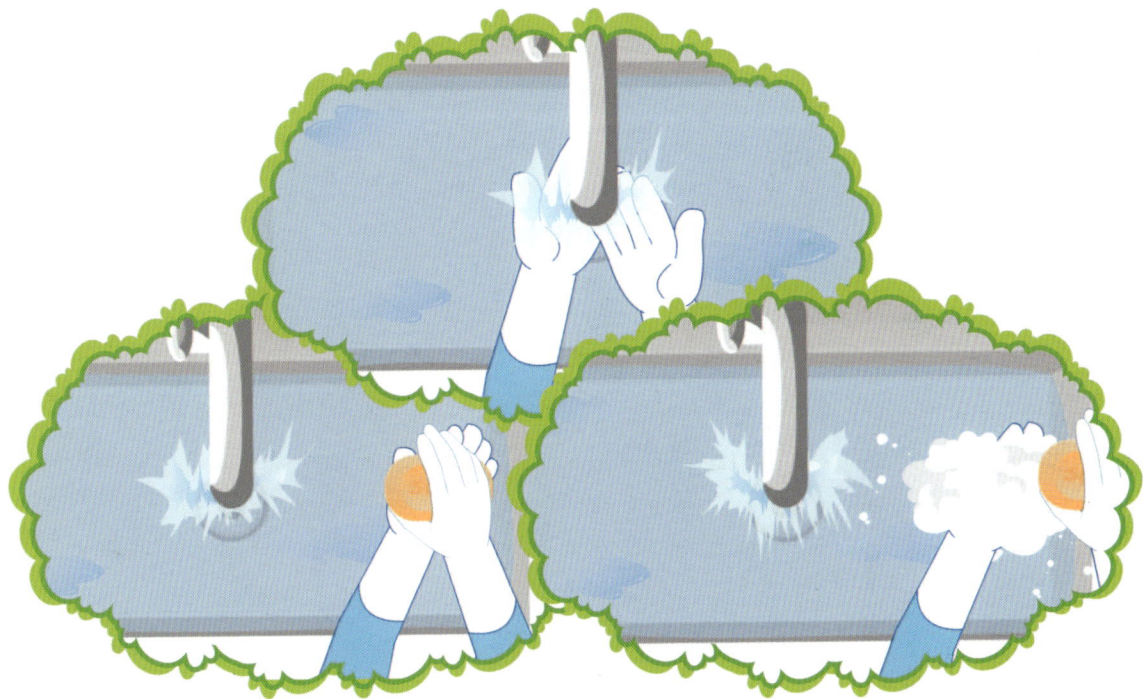

　　小北洗完手后对小南说："我洗好了，你来洗吧，小南。"
没想到小南又气鼓鼓地盯着小北，小北一看心知自己可能又哪里
出错了，于是讪讪地问道："小南，我是不是又做错了什么？"

　　小南点头说："对呀，你以后可不能这样洗手，洗手的时候
应该先打开水龙头，把手打湿，然后关掉水龙头、抹肥皂、搓
手，再打开水龙头冲洗干净！"

　　小北听了如醍醐灌顶，一下子明白了，知道自己洗手的过程是不对的，在抹肥皂的时间浪费了好多水。

　　小北红着脸，惭愧地说："小南你说的对，要是全国人民都像我这样洗手，那得浪费多少水呀！"

　　看见他知错，小南也没再计较，笑着学着大人的口气说："不错嘛！知错就改还是好孩子哦！"

小北看见她没真生气，也跟着"嘿嘿"笑了起来，然后认真地对小南说："今天我从你这里学习到了很多节约用水的细节小知识，以后在使用水的时候我一定会注意的！通过自己的点滴行动来节水。"

小南赞叹道："小北你真棒！以后你洗手的时候，要记得关掉水龙头再抹肥皂和搓手，再洗刷东西要先用盆洗，最后用过的水要合理二次利用哦！"

09

剧烈运动后不能喝水

　　曙光小学一年一度的运动会开始了，作为班级的活跃分子，小北自告奋勇地参加了各项比赛。今天上午小北有拔河比赛的项目。

　　随着老师"嘟"的一声哨响，小北所在队伍的队员都使足全身力气使劲拉着绳子，气氛紧张得叫人喘不过气来，大家使出吃奶的力气，一步一步往后退。小北的双手紧紧地握着绳子，眉头紧皱，小脸涨得通红，牙齿都咬得"咯咯"直响。绳子一会向左，一会往右，附近"加油"声此起彼伏。大家都咬紧牙关，屏住呼吸，拼命往后拉。"哗啦！"随着一阵倒地的声音，绳子另一端的队员们失去重心，全都倒地——小北的队伍胜利了！

　　结束拔河比赛之后，小北找到一个安静的地方休息，但额头上还在大粒儿大粒儿冒着汗水。他觉得有些口渴，便拿起了自己的水杯，打开杯盖就要大口灌。

　　这时小南刚好路过，看见后大声喊住了他："小北，不能喝！"小北被吓了一跳，抬头一看是小南走过来了，问道："你怎么了，小南？这是我自己带的水啊，为什么不能喝啊？我现在好渴啊！"小南摇头说："不是不让你喝，是因为剧烈运动后不能这样大口喝水！"

小北好奇地问道："为什么呢？"

"因为剧烈运动后肠道在快速地蠕动，如果大口喝水容易导致肠胃不舒服，呼吸不顺畅，腹部闷胀，严重者还会腹泻。"

"那我现在好渴啊，什么时候才能喝水呀？"小北有些着急地问道。

00:15—00:30

小南看着他急切的表情，笑道："别着急，运动完15—30分钟后再喝水吧！最好等你身上的汗微微变干，脉搏和心跳恢复到正常水平之后，再适量补水哦。而且要注意补水原则应该是少量多次，不可以大量喝，要小口小口地喝水，两次饮水的间隔是10分钟为好。"

小北听到这个答案后失望地应了一声："哦！"

"不要失望呀。"小南继续说道，"这也是为了身体好嘛。"她朝小北招了招手，"我们一起去看他们跳远比赛去吧，等会儿就能喝了！"

"好！"知道小南是为自己好，小北盖上了水杯的盖子，起身同小南一起走向了跳远赛场。

10

吃饭前后怎么喝水

运动会进行到中午暂停比赛，饥肠辘辘的小北拉着小南直奔学校食堂。打好饭找到空桌入座后，小北又拿出了他那个大大的水杯，拧开盖子。

旁边的小南忍不住问道："小北啊，你拿这么大的杯子要干嘛？"小北回答她："喝水呀！最近太热了，吃饭前喝几口水感觉很凉快！"

小南露出惊讶的表情，说道："难怪感觉你瘦了，原来是有这个错误的习惯呀！"

小北好奇地问道："呃，这个有什么问题吗？"

小南放下筷子，慢慢解释道："小北呀，吃饭前喝水不仅对肠胃造成负担，还会让你觉得肚子饱了，这样吃的饭量就少了，那得到的营养也就不够了呀，所以你都瘦了哦。"

"原来是这样啊，我说最近怎么总没胃口呢，还以为是天气太热了。那我不喝水了，吃饱了再喝。"小北心想，饭后喝总没问题了吧。

却没想到小南依然摇头笑道：
"小北啊，刚吃完饭也不能喝水
哦！"

"啊？"小北内心有点崩
溃，挠头问道，"饭前饭后都
不能喝，那我什么时候才能喝
呀？"

"这是因为刚吃完饭后，胃
部填满食物，喝水容易对胃产生
压力，造成损害，还会影响食物的
消化和吸收。如若真的想喝水，应在饭后
的半小时后再补充水分。"小南看着他认真地说。

　　小北听完恍然大悟："哦哦，我明白了，就是饭前饭后都尽量不要喝水，喝水也要等吃完饭半个小时后再喝，不然肚子都会不舒服．是这个意思呗？"

　　小南点了点头："嗯嗯！总结到位！那现在我们填饱肚子吧！"说完两个人相视一笑，拿起了餐具开始享用美食．

30分钟

A 班

B 班

C 班

11
生水不能喝

　　"叮叮叮"，午睡结束的铃声响起，睡醒后的同学都直奔洗手间，或者拿起水杯去教室外的饮水机前排队接水喝。小北睡得迷迷糊糊，却是慢了一步，饮水机前已经有长长的接水队伍，他看见饮水机水桶的水在快速变少，看来大家都渴了。但小北前面还有好几个同学呢，他低头看了下空空如也的杯子，又听见卫生间方向有哗哗流水声，他灵机一动，想到："估计排到我也没水了，我为什么要排队呢，去洗手间的水管接水不是更快更方便嘛。"打定主意后，便朝着洗手间走去了。

洗手间

　　小北径直走到洗手间洗手池前，打开了水杯盖子后，就把水杯放到水龙头下面，准备打开水龙头接水。这时他看见小南从女厕所出来，正往他这边走过来洗手。

　　于是便和小南打了声招呼："小南，饮水机没有水了，你喝水吗？我多接一些分给你！这里没人抢，不用排队就能接水喝。"说罢还露出了得意的表情。

小南听了立马走过来阻止他："小北，你不可以往水杯里接自来水！"

听到小南的话，小北刚放到水龙头开关上的手又收了回来，问道："啊?！为什么呀？这不都是水嘛，上回你说丹江口的水要过滤和净化后流到北京城，现在这水不是已经净化过了嘛！"

生水

小南摇头道："小北，虽然自来水已经经过净化和处理了，仍然是不可以直接饮用的！水龙头里的水又叫生水，就像生肉生蔬菜一样，是不能直接入口的。因为这种水还没有经过高温煮沸，里面会有细菌和寄生虫卵，喝进肚子里，就会拉肚子、肚子疼。口渴了，一定要喝煮开的水或者净水机里经过净化后的水。"

听小南描述的后果竟如此严重，小北甚是后怕，捂着肚子说道："还好听你说了，不然肚子该遭殃了，我还是老老实实地去饮水机前面排队吧。"

小南听完满意地说道："这就对了，赶紧去吧，不然等下该上课了。"

小北用力点头道："嗯！"说完便拿着水杯去饮水机那排队去了。

小南回到教室后，看见小北垂头丧气地进来，杯子还是空的，显然是没接上水。

她招呼小北过来，打开自己的水杯分给他一半水。小北感激道："我今天又从你这里学习到了很多安全饮水的知识，以后喝水一定会注意的！"

小南点头道："别看喝水很平常，喝法不对会伤身哦！剧烈运动和饭前饭后喝水的话要等待至少半小时，少量多次来补水。另外，不能喝生水哦，要喝就喝白开水，凉白开是最好的饮品。"

小朋友们，你们记住了吗？

同学们，请你写下或者画出
你心中的南水北调